挑战机器人王

1 机器人的诞生

[韩] 葡萄朋友 / 文
[韩] 弘钟贤 / 图
许 葳 / 译

21 二十一世纪出版社集团
21st Century Publishing Group

目录

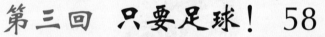

人物介绍

罗莱恩

观察内容：

· 一看到足球和草地就兴奋不已的足球少年。

· 突然被迫转学，因和足球队的朋友分离而感到难过。当因发现新学校的同学们都不喜欢踢足球而感到无比绝望时，他突然看到挂在走廊尽头的"足球社"牌子正闪烁着迷人的光芒。

创意特点： 空间认知能力优异，看到组装物品或折纸作品时，脑海中就会浮现出相应的展开图。

吴晓欢

观察内容：

· 机器人足球社社长，个性坚强又洒脱。

· 总会在一旁支持鼓励内向胆小的姜景陆，带动机器人足球社的气氛。

· 收到校长即将解散机器人足球社的通知后，竭尽所能地招募新成员，争取足球社不被解散。

创意特点： 为热爱足球的罗莱恩打造出足球自动装置。

姜景陆

观察内容：

· 拥有一双巧手，制作机器人的能力过人。为人谨慎，追求完美，就算只是小失误，也很容易泄气抓狂。

· 十分喜爱机器人，并认为机器人是世界上最珍贵的存在。

· 一心一意只想将对机器人的热情传递给活泼好动的罗莱恩。

创意特点： 对电机原理了如指掌，知识十分渊博。

李建利

观察内容：

· 战斗机器人社社长。

· 眼神锐利逼人，脾气火暴。

· 每次见到儿时玩伴吴晓欢，就会因过去的记忆而感到痛苦。

创意特点： 擅长改造战斗机器人，开发出其他的用途。

高恩世

观察内容：

· 战斗机器人社的军师。

· 脸部线条柔和，皮肤白皙，身上充满神秘气息。

· 拥有纤细灵巧的双手，在学校以"折纸达人"闻名，具有优秀的制作能力。

· 原本只对折纸和机器人感兴趣，却不自觉地被与众不同的罗莱恩吸引。

创意特点： 不管物体是什么形态，都能用折纸来呈现。

其他登场人物

❶ 一心只想为机器人社聘请指导教师的校长。

❷ 记忆力惊人，能一字不落地记下电视广告内容的罗莱秀——罗莱恩的姐姐。

第一回

驰骋球场的"狮子"

莱恩[1]，接住啊！

碎！

啪！

很好！

我是罗莱恩，是驰骋在球场上的帅气"狮子"！

踢

注［1］：莱恩，音同英语中的 Lion（狮子）。

13

罗莱恩，你以后还会继续待在足球社吗？

当然啦，怎么了？

我妈妈让我以后放学就去兴趣班。

我也是，这样我们根本就没时间练球了。

嘤

点头

点头

你们的足球魂消失了吗？这些困难都是可以克服的。

哼！

我们是要成为足球明星的啊！

跳

好酷！

14

尽管训练时间有限，但我们仍然是足球社的一分子！

没问题！

好，就算得去10个兴趣班，也不能放弃足球！

加油！

我们再踢一场吧！

好哇！

哈哈哈哈哈

不久前才跟大家约好的……

呜呜呜呜

哗啦啦

噻

算了，没关系。

到哪里都能踢足球！

嗒嗒嗒

放学后

请问，学校的足球社在哪里？

足球社？

我们学校好像没有呢！

嗯 嗯 打击

点头 点头

我是刚转学来的
罗莱恩，我想加入
足球社！

登场

什么，你要加入我们
足球社吗？

景陆，快来欢
迎新成员。

欢迎你！

快来，
快来！

哇，这是
真的吗？

兴奋

哈哈哈

新成员请坐，
不要客气哟！

指

闪亮

你以前也是足球社的？那你很有经验啰！

真的很好玩，对吧？

尤其是进球得分的瞬间，真是刺激！

足球最棒了。

没错，真是令人兴奋啊！

不过也有人觉得无趣。

啊？是谁说无趣的？

站起

那一定是他不懂足球的乐趣！

呼

说得好，新成员！

跟我们志同道合呢！

啊，我太激动了！

加入社团之前，不用测试一下我的实力吗？

哎呀，没有这个必要！

往后我们就是足球共同体！

真的吗？

嗯嗯！

对吧，景陆？

但是，只有你们同意就可以了吗？

其他人都去球场了吗？

没有其他人啊，只有我们两个。

什么？

注 [1]：这是指类人机器人，是外观和功能与人相似的智能机器人。

虽然它们没有脚，但是有很强的实力哟！

也可以写个程序让他们移动。

愣

"机器人"这个词问世100多年，现在我们已经能操纵机器人来踢球了，很厉害吧？

嗯……

是啊！

滔滔不绝

滔滔不绝

呆滞

如果捷克斯洛伐克作家卡雷尔·恰佩克等人没有在1920年创造出"机器人"一词，现在人们又会怎么称呼它们呢？

就是啊！罗莱恩，你觉得呢？

什么？

燃烧你的机器人魂吧！

轰
轰
轰

惊

27

都怪我之前没有修好它，怎么办……他好像误认为我们是一般的足球社了。

我们得留住他。

已经很久没有新成员加入了！

也对！

天哪，我刚刚在干什么？

差点儿就无法脱身了，什么机器人啊！

机器人的诞生

　　人类最早对机器人的构想只是出现在电影、漫画、小说等刻画的场景中，如今机器人则成了人们生活中的好帮手。一起来看看人类最初构想的机器人是什么样子吧！

"机器人"一词的出现

©Wikipedia

　　1920年，捷克斯洛伐克作家卡雷尔·恰佩克发表了科学幻想剧《万能机器人》，和画家兄弟约瑟夫·恰佩克（1887—1945）一起发明"机器人"（Robota）一词。这部剧描述了罗素姆为了减少工厂的用人成本，制造出了能代替人力工作的机器。剧中，最初开发机器人只是为了从事生产，随着时间流逝，机器人的智能渐渐提升，它们不仅能说德语、英语、法

卡雷尔·恰佩克
（1890—1938）
著有多本以未来为主题的科幻小说。

语与捷克语，甚至拥有了思考能力，群起发动叛变，反抗并攻击人类。这部作品提醒了世人：凡事皆有两面性，原本只是帮助人类生产的机器，也可能威胁到人类的生活。在这部作品中，恰佩克将代替人力工作的机器命名为"机器人"，源于捷克语中的"Robota"一词，带有"强制劳动"意义。恰佩克是首先创造并使用"机器人"一词的人。1993年，日本为了纪念恰佩克，特地安排人形机器人（ASIMO，日本研制的一种类人机器人）向恰佩克铜像献花致意。

©Billy Rose

《万能机器人》一幕

是人形机器人！

最早关于机器人的记录

虽然"机器人"一词最早出现在 1920 年，但在更早以前，人们就懂得制作一些简单的自动装置。希腊神话中的伊卡洛斯带着父亲

制作的翅膀飞离克里特岛。这对神奇的翅膀用蜡将羽毛黏合而成，可以自动飞翔，被认为是自动装置的雏形。此外，我国西周时期有位工匠也打造出人类样貌的人偶，相传人偶能歌善舞，还可以做出各种表情，被视为我国最早的有关人形自动装置的记录。

第一部有关机器人的电影《大都会》

1927 年，德国知名电影导演弗里茨·朗格执导的一部有机器人剧情的电影《大都会》，电影使用了当时尖端的拍摄技术，对以后的科幻电影影响巨大。

机器人明星

1939 年世博会（纽约）上亮相的机器人伊莱克特罗（Elektro）是个高约 2.1 米、重达 120 千克的声控机器人，它的第一节手臂与头部都能转动，也可以用双脚滑行。伊莱克特罗能用预先设定的语音与人类进行有限沟通。1940 年，伊莱克特罗有了一只名为斯帕科（Sparko）的机器狗陪伴。

©Wikipedia

机器人伊莱克特罗
与机器狗斯帕科

第二回

传说中的转学生

35

啊 啊 啊 啊

我不要!

啊,是做梦吗?

还好只是梦。

可恶,我的梦里居然也出现了机器人,真是的!

机器人吗?

都是因为昨天发生的事，害我做噩梦。

嗯？

好像哪里不太对劲？

是真的吗？

不是，大家好像误会了。

哈哈

听说昨天有位转学生从足球社走出来，难道不是你？

是我没错，但我是不小心走错的。

我并不想加入他们！

是吗？

你一定是因为刚转来，所以不太清楚，把两个机器人社搞混了。

这种事为什么会被传开啊？

原来如此。

对呀，机器人社也是有区别的。

紧张

两个机器人社？

41

就是啊，怎么可能会想加入机器人足球社那种冷门的社团！

？

哈哈

我还听说他们社快要解散了。

唰唰唰！

咚！

你们在说什么？谁说我们机器人足球社冷门了？

轰轰轰

谁说的？

啊，快回到座位上！

站住！

我昨天就说了，我只是因为看到"足球社"三个字才走进去的。

对呀，你说过。

呵呵

不过我们学校没有足球社呢！

不管是下课，还是放学后的时间，都没见过有同学在操场踢足球。

没有同学踢足球？

噗

怎么可能？

这是真的，在学校踢足球的只有机器人足球社的机器人。

对呀！

哈哈

哈哈

哈哈

我不相信，我要去球场瞧瞧！

我最爱的运动就是踢足球，踢足球多有趣啊！

怎么可能没有人踢球？他们只是还没有现身罢了！

是吗？

丁零零
丁零零

10分钟后

20分钟后

焦虑……

30分钟后

呼呼呼呼

空荡荡

怎么会这样！

晴天霹雳

冒汗

49

我只是想踢足球而已，怎么这么难呢？

呜……

扫地机器人？

现在才发现，原来我们家里也有机器人。

叽叽叽叽叽

这是什么时候买的呢？

好像是几年前买的……

我记得第一次看到扫地机器人时，

觉得很新奇，还一直追着它跑呢！

我看看！

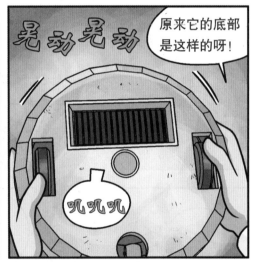

原来它的底部是这样的呀！

是从这里吸入灰尘的吗？

罗莱恩，你干吗拿着那台旧机器，想拆了它吗？

嗯？旧机器？

跟新上市的家用智能机器人相比，它确实是老古董了啊！

智能机器人？

那又是什么？

就让姐姐我好好给你上一课。

智能机器人，就是一种能模仿人的活动的自动智能机械。

就像具备了"大脑"，

能够感知周围环境，自主判断各种情况，并做出决策，自行移动！

扫地机器人是为了实现自动打扫而发明的智能机器人，依靠内置的传感器与摄像机来感知障碍物，

并能自动设定路径，规划需要清洁的位置！

没想到姐姐这么了解机器人啊！

真是厉害！

呵呵

这都是从电视购物频道学来的！

愣

电视儿童

哈哈哈

真佩服我自已，能讲得这么仔细！

总之，还没买新产品之前，我们还得靠它清扫地面，

你别把它弄坏了。

知道了。

嗡嗡嗡

陷入沉思……

叽叽叽叽

嗯——

扫地机器人

扫地机器人是能自行规划路径、判断环境状况、自动打扫的智能机器人，目前已经成为一种最受大众欢迎的智能机器人。现在，一起来了解一下它们的运作方式吧！

自动感知障碍物

扫地机器人遇到障碍物时，能利用内置的多种传感器自动感知，然后自行调整行进方向并继续清扫。如果将扫地机器人设定成视胶带为障碍物的话，它就只会在胶带圈定的范围内移动，这样就能划分出更精确的打扫范围。

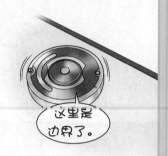

这里是边界了。

同步定位与地图构建

为了收集空间信息而装载超声波感应器、红外线感应器、高清摄像机的扫地机器人，能正确地判断出自身所在的位置，同时也能规划出室内应打扫的范围，并以"之"字形的路线来回打扫，这样的功能就是"同步定位与地图构建"。虽然扫地机器人收集空间信息时会花费较长时间，但是因为它能仔细打扫环境中的每个角落，并不会重复打扫，所以效率极高。

充电

扫地机器人内部装有充电电池，在打扫完毕或打扫途中电量不足时，能自动回到充电处充电。如果预先设定了打扫的时间，扫地机器人也能在开始打扫前自行充满电。

我也要吃饭！

Q 比博士的研究室 1

 人工智能

我一定要完成超级智能！

咦？

人类在很久以前，就想打造出与他们智能相当并能思考的机器，也就是能自行思考、判断并采取行动的机器！

好厉害！

1956 年，"人工智能"一词正式提出，英文缩写为 AI。20 世纪 90 年代的计算机已经可以进行深度学习，以获取所需的信息。

Q 比博士，什么是超级智能啊？

贝弟，这个秘密我只跟你说哟！这个无敌强大又拥有众多功能的超级智能就是……

美国的国际商业机器公司（IBM）的沃森（Watson）和谷歌公司的阿尔法狗（AlphaGo），都是通过深度学习，在与人类进行智力竞猜、围棋等竞赛中获胜！

虽然它们与人无法交流情感，但它们能在短时间内处理庞大的信息，学习速度也快，因此人们渴望它们能为科学带来强大的助益。

人工智能！

啊？

博士想用人工智能做什么呢？

想做的事很多呢！

人工智能又是什么？

哎呀，你怎么除了玩以外，其他什么都不知道？

实验、打扫、洗衣、做饭！我要打造全自动的万能助手！

那些都是我的工作啊！

第三回

只要足球！

我们要用这个装置，来引起莱恩对机器人的好奇吗？

只要他产生好奇心，就会开始有兴趣，把他喜欢的足球与机器人的祖先——自动装置组装在一起……

一定会成功的！

哈哈！

但是，它真的能动吗？

毕竟我们没有实验过。

一定不会失败的，放心！

这是只要充气就能启动的超简单自动装置！

唰！

好啦，好啦！

偷瞄

就当作是给莱恩的惊喜。

哼唱

啊，他走过来了！

紧张

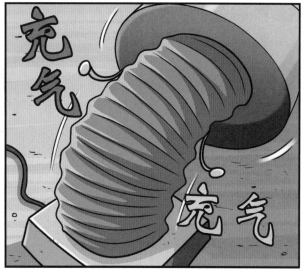

只需要简单的操作，机器就能动起来，很厉害吧？

自动装置就是指按照预先的设定，自动完成预定动作的装置。

哦，是吗？

我不太明白你想说什么……

其实就跟布谷鸟时钟的布谷鸟会在固定时间出现一样，音乐盒里的足球选手能上下移动，也是依靠齿轮、凸轮、连杆等来运作的。

凸轮

连杆

连杆

齿轮

运用这些装置，能打造出各种样式的自动装置。

连杆

齿轮

各种样式？

学校当然会全力支持学生们自发性的活动。

无论是创建社团，还是组建校队，我们都非常欢迎！

校长室

你的想法很不错呢！

那真是太好了，校长！

但是，得要招募到成员才行。

如果这个社团只有一两位成员，那就让人头疼了……

不悦

如果你能找到 10 位以上的同学，到时候要创建社团或组建校队，校长都答应你！

笑

没问题，包在我身上！

哈哈哈哈

虽然跟校长打了包票，但是我该去哪里找 10 个人啊。

校长让你先招募成员，对吧？

嗯。

粘贴

招募新成员

招募新成员

全校最强的足球社！

闪亮

怎么样？我还放了足球选手的照片。

哇，好棒啊！

招募新成员

全校最强的足球社！

感动

贴

机器人足球社？

干吗让机器人踢足球？

喂，这不是机器人足球社！

谢谢！

我对机器人足球社没兴趣。

嗯，可能是因为吴晓欢的关系吧……

欢迎加入，这是宣传单！

大家本来就知道她是机器人足球社的，难免会误会。

怎么办？该不该叫她别再帮忙了？

机器人 足球社！

招募新成员

机器人 足球社！

嗯？

好像哪里怪怪的？

招募新成员

机器人　足球社！

招募新成员

这是什么？

哒

机器人　足球社！

轰

是谁在海报上写的……

招募新成员

机器人　足球社！

哎呀，怎么会这样……

机器人！

不小心贴错了！

整摞

全部都是不小心贴错的吗？

机器人　足球社！

粘贴

粘贴

哎呀，好像贴错了很多呢！真奇怪。

哈哈

气到发抖

吴晓欢！

对不起呀！但是，你肯定会白忙一场的。

哈

因为根本没有人想要踢足球！

你绝对找不到10个人的！

你不要再来找我了！

怒 怒 怒

嗒 嗒 嗒

撕掉

机器人

全校最强的

碎碎念

真是的！

招募新成员

全校最强的足球社！

哼！

怒

足球社！

唉，课间休息都用来招募了……

招募新成员

全校最强的

你绝对找不到10个人的！

看来……印证了吴晓欢所说的。

真的没有人来询问……跟之前的学校相比，落差好大啊！

招募新成员

难道在这里还有比踢足球更有趣的事情吗？

嗯？

79

什么是编程

　　想要了解编程是什么，我们首先要知道代码、编码与程序。代码是表示信息的符号组合及其规则体系。在计算机中，所有输入（如数据、程序等）都须转化成机器能识别的二进制数码。编码是按某种规则将信息用规定的一组代码来表示的过程。在计算机中，指令和数字形成编码后，就适于运算和操作，且能纠正错误。程序则是为使计算机执行一个或多个操作，执行某一任务，按序设计的计算机指令的集合。而编程指的就是编制计算机程序。

编程在生活中的运用

　　在日常生活中，常见的移动应用程序（App）和小程序都是通过程序员用代码写成的指令来运行的，这些程序让我们可以在智能手机上购物、玩游戏等。此外，家电产品中也有写好程序的中央处理

多亏了编码，我们才能收看电视节目！

器，让家电能够按照指令运行。比如洗衣机有调整洗衣时间的程序，电视机也有能将电视台发出的电波信号转换成电视影像的程序。虽然家电产品的外观与用途各不相同，但都是通过程序来运行的。

©Max Pixel

手机游戏

编程语言

　　编程语言的种类繁多，在进行编程之前，得先确认能让计算机"读懂"的编程语言的种类。编程语言大多是由字母和符号构成的，倘若其中一个字母或符号编写错误，就可能使整个程序无法运行。

　　编程语言主要可分成机器语言和高级语言。机器语言的指令是由0和1组成的二进制数，计算机能直接识别与执行。而高级语言则是与人类自然语言相近并为计算机所接受和执行的语言，

这是面向用户的语言，如常见的 Java、C++ 等。

各种编程语言

·Java
拥有跨平台使用的特性，是编写安卓系统使用的语言，也广泛用于企业的网站开发。

·JavaScript
主要用于网页与浏览器（Chrome、Internet Explorer、Safari等），也会用于在线游戏软件中使用者与计算机的信息传递。

```
alert("Good morning!");
```

·C++
是一种通用的编程语言，适合使用在需要快速处理的程序中，例如在线3D游戏引擎开发。

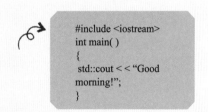

```
#include <iostream>
int main( )
{
 std::cout < < "Good
morning!";
}
```

·Python
能做出色彩丰富和特殊效果的图像，使用的语法也比较简洁。多用于制作广告或科幻电影的后期制作。

·Scratch
不同于其他编程语言以字母与符号编码，Scratch是以预先设定好的积木式指令模块来编码。因为简单易上手，成为许多初学者选用的入门编程语言。

点击时

Good morning! 　　朗读 3 秒钟

第四回

有两个机器人社？

铮！

咔咔咔！

高速转动

叽叽

这些是正在战斗的机器人吗？

感觉好刺激呀！

很酷吧？

哇！

这是战斗机器人社的示范赛。

欢呼声

天哪，真的好帅呀！

好厉害的战斗机器人！

比去年的机器人更强呢！

战斗力真的没话说。

嗯，同样都是机器人……

战斗机器人看起来的确更酷。

战斗机器人

足球机器人

动画中也会出现很会打架的机器人，

哇！

如果二选一的话，战斗机器人社看起来更有趣！

加油！

我想加入战斗机器人社！

我们去拿申请表！

我也是！

好啊！

很厉害呢！

招募新成员

只是一场示范赛，就引起了大家的热烈关注。

看来大家都想加入战斗机器人社。

比赛真刺激，难怪会这么受欢迎。

好像在那边，我们快去！

他们要去哪里？

战斗机器人社入社申请表

啊，是领取入社申请表的地方。

战斗机器人社入社申请表

居然有那么多人要申请？

战斗机器人社还真受欢迎！

塔塔塔！

哎呀，这次竞争一定也很激烈。

对啊，申请之后还有非常难的测试呢！

思考……

测试到底有多难呢?

还真好奇。

嘿,给你。

啊?

递

战斗机器人社的入社申请表。

你看完后再填写资料吧!

嗯?

噔

我没有要申请……

下一个!

呃,这张入社申请表怎么像考卷一样?

嗯……

入社申请表

姓名:

1. "机器人"一词是在什么时候首次出现的?

2. "机器人三定律"是什么?

3. 机器人的电机的功能,相当于人体的哪一种组织的作用?

果然都是我完全看不懂的内容。

咯噔

姓名：

1. "机器人"一词是在什么时候首次出现的？

2. "机器人三定律"是什么？

的功能，相当于

我应该无法加入了吧？

心跳加速

再次提醒，提交申请表的截止时间是后天放学前。

战斗机器人社入社申请

后天才截止啊……那我还有时间。

坐

你想加入战斗机器人社吗？

转头

唯！

啊，我只是先拿了申请表！

我说的没错吧！

上次果然是你搞混两个机器人社了。

其实有很多人想加入这个社团，但因为测试太难，所以拿了申请表后都放弃了，看起来你很有自信嘛！

还把申请表拿回来了。

没有，我其实还是不太……

他急着要去哪里啊?

去图书馆吗?

嗯……

嗯

好吧!

我也去找找机器人的相关书籍吧!

入社申请表

图书馆

所以，你是故意躲着我的？

嗯！

晓欢说你很生气，还让我再也别出现在你面前。

因为她一直让人误以为我要加入你们。

只要一想起她的所作所为，我就很生气！

啊，听说你想要创建足球社？

不过这所学校好像没人感兴趣。

我之前学校的同学都很喜欢踢足球呢。

对足球有兴趣的同学，放学后应该都去参加别的足球队了。

我们学校的操场很小，也没有完善的设施。

你说的对，操场真的很小！看来没机会创建足球社了啊。

咦？

机器人的故事

这是机器人的书？

但这不代表我想加入机器人足球社哟!

严肃

我没有要勉强你的意思。

是吗?

我跟晓欢的想法不同,

我觉得只有真心喜欢,才能全身心地投入。

身为一个喜爱机器人的人,知道你对机器人感兴趣了,我就觉得很感动了!

原来如此。

你看，这就是机器人三定律。

1. 机器人不得伤害人类，也不能在人类陷入危险时袖手旁观。

2. 在不违背第一定律的前提下，机器人必须服从人类的命令。

3. 在不违背第一、第二定律的前提下，机器人必须保护自己。

这是谁规定的啊？

这是美国知名作家阿西莫夫在科幻作品《我，机器人》中为机器人设定的行为准则。

这些准则的目的都是确保人类的安全不会受到机器人的影响。

人类的安全啊……

啊哈！

就像电影里会攻击人类的机器人吧？

霸气

嗯，虽然它们也是智能机器人，但晓欢认为像战斗机器人社中那样具有攻击性的机器人可能伤害人类，所以非常厌恶。

战斗机器人社？

震惊

你本来对机器人也没兴趣，

所以不太清楚吧？

战斗机器人社就是用配备各种武器和技术的机器人，彼此攻击竞赛的社团。

原来如此。

我该跟他说吗?

他刚听到我对机器人有兴趣,就这么高兴了,或许他并不介意吧?

嗯……

而且,他们跟我们社团的关系非常不好。

咚

好吧,我就坦白跟他说我正在准备战斗机器人社的入社申请。

嗯,关系很不好?

傻眼……

嗯……我们也算是竞争对手嘛!

所以我有点儿讨厌他们,晓欢更是如此。

战斗机器人的比赛，必须将对方的机器人完全破坏才算获胜，这样有些残忍。

毕竟也是别人辛苦做成的宝贵机器人。

我还是保持沉默好了。

战斗机器人的比赛虽然紧张刺激，但是我更喜欢我们的足球机器人比赛！

翁翁翁

每次战斗机器人社举办示范赛时，全校同学都会兴奋地前去观看！这学期的示范赛应该已经结束了。

呲

你对机器人没兴趣，应该不知道吧！

嘿嘿

其实我已经看过了！

嗯？

喵？

怎么啦？

看完书后，你对机器人的构造就会有概念了。

哇！

或许我能找到申请表上问题的答案呢！

现在的智能机器人是模仿人来制造的，有头，有躯干，有四肢等。

嗯？

拿出

等等，我给你画图解释一下。

沙沙

就像我们的身体是被骨骼支撑着的，对吧？

为了让机器人能灵活运动，必须制作连接各个部位的关节；还要安装电机才能带动关节使机器人活动，电机的功能就像人类的肌肉一样。

哦哦！

机器人的构造确实跟人类很像呢！

啪

看起来好好吃哟!

流口水

我是不是该跟景陆说清楚?

嗯……

伸出

但是，他会很难过吧?

空

咦，没了?

惊!

整盘都被你吃完了?

大快朵颐

真好吃，我最爱吃辣炒年糕啦!

空

嚼嚼

艾萨克·阿西莫夫

艾萨克·阿西莫夫（Isaac Asimov）是知名的美国科幻小说家、科普作家、文学评论家，他的作品以科幻小说与科普作品居多。阿西莫夫想象力丰富，在众多的科幻故事中，最常写的题材就是机器人。1942 年，阿西莫夫在《我，机器人》中第一次明确提出"机器人三定律"，成为众多科幻小说机器人的定律，也受到了许多机器人领域技术专家的认同。此外，"机器人学"一词也是由阿西莫夫首创，意指研究与制造机器人等相关的学问。1985

艾萨克·阿西莫夫
（1920—1992）

年，阿西莫夫在原有的"机器人三定律"之外，又发表了"第零定律"，其概念较原有的机器人三定律更广泛，内容为"机器人必须保护人类的整体利益不受伤害"。虽然在恰佩克的戏剧《万能机器人》之后出版的科幻小说大部分都将机器人描述为对人类具有威胁性，但阿西莫夫眼中的机器人，虽然充满未知，但却仍可能与人类和谐相处。

机器人三定律

1. 机器人不得伤害人类，也不能在人类陷入危险时袖手旁观。

2. 在不违背第一定律的前提下，机器人必须服从人类的命令。

3. 在不违背第一、第二定律的前提下，机器人必须保护自己。

喂，依照机器人三定律中的第一定律，你不能攻击我！

叽叽叽

Q比博士的研究室 2

 机器人三定律

贝弟，别叹气了。你怎么了？

第一，机器人不可以攻击人类，也不能在人类处于危险的情况下袖手旁观！

1

必须帮助人类！

别的机器人都说我不是机器人，只是个可怕的武器。

什么？

呜呜呜

第二，在不违背第 条的情况下，机器人必须服从人类的命令！

2

将破水缸装满水！

好的！

必须服从人类的命令！

第三，在不违背前两个定律的情况下，机器人必须保护自己！

我最爱自己了！

3

自己保护自己。

你应该骄傲地说，自己是个遵守机器人三定律的模范机器人啊！

什么是机器人三定律？

谢谢博士！

我现在知道自己是个堂堂正正的机器人了！

不过你还有一条定律要遵守。

你居然连这个都不知道，难怪你会被取笑！

呜呜呜

哈哈哈

怎么连博士也欺负我？

必须服从我的命令。

哈哈哈

快去买点心回来，这是命令！

哭泣

我还是当个平凡的机器人好了！

第五回

战斗机器人社的测试

入社申请表

姓名：罗亲恩

1. "机器人"一词是在什么时候首次出现的？
答：1920年，由卡雷尔·恰佩克等提出。

2. "机器人三定律"是什么？
答：机器人不得伤害人类，也不能在人类陷入危险时袖手旁观。
在不违背第一条的前提下，机器人必须完全服从人类的命令。
在不违背第一、第二定律的前提下，机器人必须保护自己。

3. 机器人的电机的功能，相当于人体的哪一种组织的作用？
答：肌肉

多亏了景陆，我才勉强写出答案。

吃完了，那我们走吧！

啊，等等！

这本书里有许多有趣又重要的细节，我们再聊一会儿嘛！

眼睛发亮

嗯？

只要谈到机器人，景陆就会充满热情啊！

哈哈

刚刚说的电机的功能啊，就相当于人体肌肉的功能。电机的种类也十分多样！

电机能将电能转化为动能。电风扇、洗衣机等家用电器都使用了电机。

直流电机在转动时，能量损耗少，功率输出稳定，噪声较小。

电机

电风扇

洗衣机

料理机

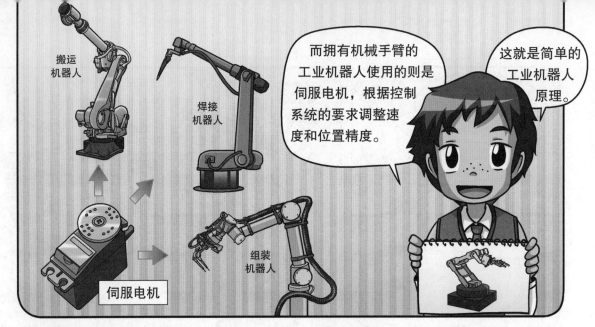

搬运机器人

焊接机器人

伺服电机

组装机器人

而拥有机械手臂的工业机器人使用的则是伺服电机，根据控制系统的要求调整速度和位置精度。

这就是简单的工业机器人原理。

兴奋

滔滔不绝

这些机器人依靠伺服电机才能自由活动。莱恩，是不是很有趣呢？

呃

一想到刚刚景陆解释得那么兴奋，我就觉得很心虚啊……

第二天早上

啪

算了，不管了！

战斗机器人社入社申请表提交处

塔塔塔

景陆，对不起！

116

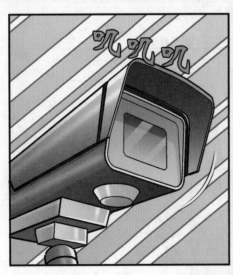

真热闹！

今年也有很多人申请入社呢！

高恩世，感觉你好像没什么兴趣呢……

我只想快点儿结束，太无聊了。

好，那就开始吧！

握

119

哗啦啦

按

咔

无声

咽口水

麦······
麦克风测试！

转头

今年战斗机器人社的入社第一阶段测试是"自由组装"！

咚

咚

限时20分钟！请利用这些积木，自由组装成任意物品吧！

测试的重点是能组装成正确的形状。不管是物品还是动物，都必须组装成正确的外形。

呵呵

正确的外形？

就这样吗？

哗啦

哗啦

哗啦

好，预备……

开始！

惊

一拥而上

嗒嗒嗒……

向前

看起来有些参加者还挺熟练的嘛!

呵…

想玩机器人也要懂得组装,对吧?

首先要喜欢动手做,还要有一双巧手。

当然也需要观察力和模仿力,毕竟很多创新是从模仿开始的!

……

你不觉得我们战斗机器人社的入社第一阶段测试很有意义吗?

嘿嘿,我这个点子很棒吧?

喂,你听见了吗?

呃……

高恩世！

你到底有没有听我说话啊？

同样的事情你到底要说几次？

真是的，让我多说几次会怎样？

我看看还有哪些优秀的申请者吧！

噢，是车轮！

我用这个来做辆小车吧！

汽车

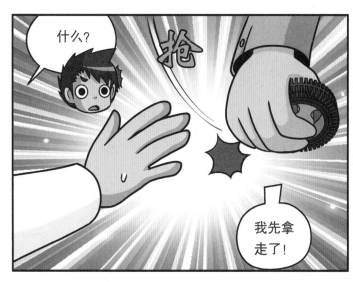

什么？

我先拿走了！

那我拿别的。

嗯？

这个我也要啦！

怎么能这样？

没有车轮了！

我还是先别理这个家伙了!

哼,吓我一跳……

嘀嗒

嘀嗒

最后5分钟喽!

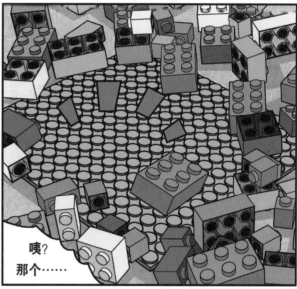

唉?
那个……

惊!

啊,完蛋了!

看起来好像足球场呢,好想在球场上痛快地踢球啊!

啊……

我来做个足球吧，我最了解足球了！

不不不！足球的颜色很复杂，太难做了！

敲头

那就做成像乒乓球一样单色的吧！

做球的话，得要想办法做出球形！

吵什么啊！

该怎么开始呢？

如果先用积木组成正方体，应该会比较容易……

抓

拿六个正方形
积木………

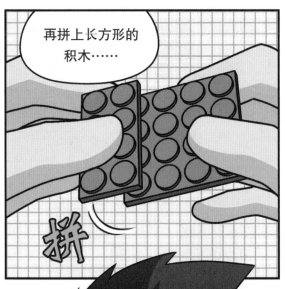

再拼上长方形的
积木……

拼

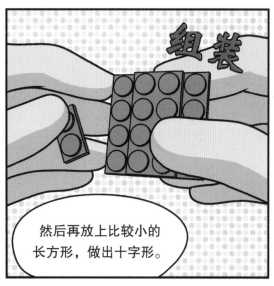

组装

然后再放上比较小的
长方形，做出十字形。

好了！

唰！

拼

正中间再加个
正方形积木做
成凸起！

131

很好，六个面都完成了！

唰！

现在得把它们组装起来，不知道还有没有合适的积木。

翻找 翻找

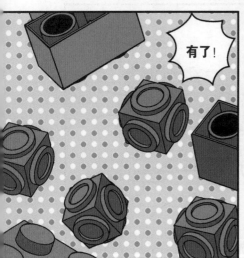

有了！

倒计时开始。

啊！

10！

啊啊啊！

9！

8！

手忙脚乱

呼……

嗯……

滚动 滚动

咔 咔 咔

啊！

噢，不！

啊 啊

现在礼堂内的监视器都在拍摄中，如果发现还有在伸手触碰积木的人，就立即宣布淘汰。

我都快完成了！

太可惜了！

怎么这样？

134

会踢足球的机器人

转学的第一天，机器人就闯入了我的校园生活。在球场上踢足球的竟然不是人，而是大大小小的足球机器人，这到底是怎么一回事？当我惊讶地看着足球机器人时，吴晓欢和姜景陆对我滔滔不绝地说了

一大堆，说机器人足球赛是各种机器人活动中最受欢迎的项目之一。虽然在这个学校中，战斗机器人好像更受欢迎。

他们告诉我，1993年6月在东京举行了一场名为Robot J-League的机器人足球赛。赛后，许多科研人员呼吁将这一赛事扩大为国际联合项目。于是，机器人世界杯（Robot World Cup）应运而生，简称RoboCup。在比赛初期，参赛的机器人大都是吴晓欢和姜景陆做的那种箱形机器人，也就是以半自动型机器人为主。当然，也有具有人类外形的人形机器人参加的"全能人形机器人比赛"。听了他们的说明，喜爱足球的我也渐渐开始对机器人感兴趣，而且还能自己亲手打造机器人了！如果人形机器人队和人类足球队比赛，哪一队会赢呢？真是让人好奇啊！好吧，我就以积极的态度为足球机器人加油吧！

半自动型机器人足球比赛

人形机器人足球比赛

机器人踢足球的原理

足球机器人是通过视觉系统来确定移动路径的啊！

我踢球的时候会先拟定战略，再跟朋友进行比赛，所以我很好奇机器人是怎么踢球的。如果机器人像人类一样有眼睛，就能看到队友互相传球，也能对准球门进球了。但是，这些外观像小箱子的机器人到底是如何运转的呢？我问了吴晓欢，她非常兴奋地说了让机器人踢球的原理。通常国际机器人足球比赛时，都是通过程序操控机器人的。只有在比赛上场时才需要手动控制机器人，其他时间都是由机器人自动控制。这点真是令人吃惊不已啊！

足球机器人上有个非常重要的部分叫视觉系统。视觉系统是用摄像机收集周围环境的信息，并转换成图像，以便进行识别，使机器人能够"看见"物体，了解周围环境。在足球场上，视觉系统会将机器人与足球拍摄下来，再把影像传送到计算机中，然后传达指令给机器人，让机器人动起来。通过影像，可以将对手的机器人位置与移动路径传给自己队伍的机器人，接收到这些数据的机器人就能按着预先设定好的战略路线自己移动。

我越了解足球机器人，就越觉得它跟我亲自上场的情形很相似——要跟朋友讨论战略、掌握对手信息等，这些共通点都让我有种奇妙的感觉！足球机器人好像越来越有趣了！

©Max Pixel

机器人足球比赛一景
通过计算机屏幕呈现机器人视觉系统拍摄的影像。

第六回

折纸达人

唰！

我通过第一阶段测试了！

而且第二阶段测试的号码，是我最爱的幸运数字7！

哈哈哈哈

听说战斗机器人社的测试很刁钻，看起来也还好嘛！

哇！哈哈哈

似乎可以轻松通过了呢！

嗯……

怎么都没有人呢？

冷清

战斗机器人社
第二阶段测试

原来大家都来到第二阶段测试的教室了。

唰
唰
唰

还好我没有迟到。

交头接耳

呼——

这是彩纸……

听说有人折出了小狗，但因为尾巴掉了而被淘汰。

唉，我朋友折出了超壮观的城堡，可是没窗户，就被刷掉了。

原来只要一点点失误就会被淘汰啊！

嗯

142

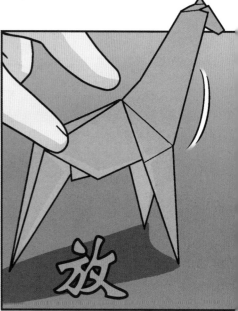

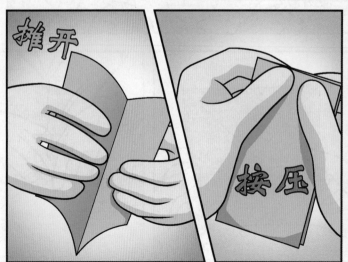

144

折纸达人的表演应该也快结束了！

唰！

哇啊啊！

折纸并不是单纯的游戏，其中还蕴含着数学与科学原理。

也就是把二维平面，

转换成三维立体。

三维立体吗？

他到底想说什么啊？

他应该讲得更清楚一点儿嘛！

播放幻灯片！

好帅呀！

哇！

超大型太阳能电池板

例如用来收集太阳能的超大型太阳能电池板，因为面积太大，无法直接搭载在火箭上一起升空，因此，科学家就运用折纸的原理将太阳能电池板折叠起来，送到太空后再展开。

还有，用来观察星星的太空望远镜，也是运用折纸的原理将镜片折叠以便运送。

太空望远镜镜片

147

折纸，能使物品的形状发生变化，更便于运输或拿取，因此被广泛应用在各种尖端的科学领域，机器人也是其中之一。

说得非常好，继续下一张幻灯片！

那是机器人？

这么迷你？

这是应用折纸原理制作的折纸机器人，是用金属片与有变形记忆功能的材料制成的。

此外，还要在折纸机器人的下方放置能形成磁场的线圈，这样就能让机器人改变形态或移动了。

折叠

移动

哇，好神奇！

折纸机器人

将折纸机器人放入小小的胶囊中，等胶囊通过口服等方式进入人体并溶化以后，折纸机器人就能在人体内活动并进行各种工作。

因为折纸机器人的体积很小，因此被运用在医疗领域。

例如什么呢？

血管中的折纸机器人

……

散散

哈哈哈

他是在跟我说"谢谢"吗？哈哈，他太客气了！

快收起投影仪幕布！

……

呼

叽……

现在大家应该明白，第二阶段测试就是折纸。

用二维的平面材料，做出三维的作品。

现在就用你们桌上的彩纸来试试吧！

像这样先对折……

轻轻

嗯？

什么？

所以……

是要我们跟着折喽？

好，跟着折就不是什么难事了。

呵呵

折

151

唉……

放

唉!

脚步沉重

什么, 他们已经放弃了吗?

唰唰唰

看来大家都想离开呢! 不如我也……

呵呵!

嗤笑

丢

啊, 那家伙的样子真让人生气!

怒

根本就是故意出难题来为难取笑大家。

不论是否完成任务, 大家都能自由离开。

那家伙……

刚刚一直在盯着看，现在怎么开始画画了？

这一面应该是在内部的……

下笔

你在做什么啊?

没什么啊!

我想先画个展开图看看。

因为我从来没折过球嘛!

唉……

画展开图?

我犯规了吗?

手忙脚乱

啊，我再按照顺序折，应该就可以完成了。

他只看成品就能画出展开图吗?

是第一阶段测试时的那个家伙呢！

再去买杯饮料吧！

静止

啊，吓我一跳！

我才吓一跳呢！

是叛徒李建利？

叛徒？随便你们怎么说！

但我还是比你姜可鲁优秀。

什么？

到底要跟你说几次才能记住！我的名字是姜景陆，不是姜可鲁！

郁闷 郁闷

嗯……你们为什么在这里?

该不会是要来妨碍我们社团的招募测试吧?

你是说那个拼积木、折彩纸的幼稚招募测试?

暴怒

哼

啊?

你怎么会知道?

谁不知道啊! 你可是从幼儿园起就跟高恩世整天在一起玩拼装积木的李建利!

哼

我到现在都还记得, 当年你在玩积木时又哭又闹的情形。

拍拍

拍拍

我哪有? 你不要乱说啊!

机器人的运动

为了使机器人的身体活动自如，电机的力量就显得尤为重要。电机不仅应用在各种家电产品中，也广泛使用在机器人身上，分为直流电机、交流电机，以及机器人常用的伺服电机与步进电机等。现在就来认识一下其中两种电机吧！

家中的这些电器都使用了电机进行驱动。

直流电机

电动机是一种能将电能转化为机械能，使电器等运转的电机。使用直流电来驱动的电机称为直流电机。世界上最早出现的工业用直流电机，是1873年世博会上，由比利时工程师格拉姆在一次偶然中发明的。在布展中，他误把别的发电机发的电，接在自己的发电机的电流输出端，惊奇地发现自己的这台发电机竟然迅速转动起来。

伺服电机

预先在机器中设置好机器能做出的反应的指令，在下达命令时，伺服电机就能比其他电机更快地响应命令并进行运动。此外，无论是对机器下达直线运动还是绕圈等动作指令，伺服电机都能将其控制在适当的速度范围内，因此大部分的工业机器人（如机械臂）都使用伺服电机。

使用伺服电机能更准确而快速地工作。

机器人的动力来源

为了生存，动物必须通过进食来获得能量。那么机器人的动力来自哪里呢？现在就来了解一下机器人是如何获得能量的吧！

充电电池

大多数的机器人使用的是锂电池。锂电池常被应用在体积小而轻巧的手机、笔记本电脑等产品中。锂电池充电快速，容量大，安全环保，使用寿命长，成为近年来最热门的充电电池。不过，用充电电池的机器人最大的缺点就是需要保持一定的电量。比如医院手术中使用的医疗机器人，或战争中的军事机器人等，都得让电池保持在电量充足的状态才可以运转。

糖

像动物一样依靠进食来获取能量的机器人称为"吃货机器人"。它的动力来源是糖，糖能在机器人体内的微生物燃料电池中完全被分解，转化为水和二氧化碳，不会产生污染物。吃货机器人就是利用这个过程中产生的电能，将电池充满电并运转的。

你们尽量吃吧！

昆虫尸体

2004 年，英国制造出的生态机器人是一种能从昆虫尸体中获取能量的机器人，又称为"食虫机器人"。它拥有 8 个微生物燃料电池，而电池中含有来自污泥的微生物。当把昆虫尸体放入电池中时，来自污泥中的微生物便会分解昆虫尸体含有的糖，进而产生电能，使机器人运转。这种生态机器人只需要 8 只苍蝇尸体，就可以运转大约 5 天。

图书在版编目（CIP）数据

挑战机器人王. 1，机器人的诞生 / 韩国葡萄朋友著；
（韩）弘钟贤绘；许葳译. -- 南昌：二十一世纪出版社
集团，2023.5
　ISBN 978-7-5568-7365-4

　Ⅰ. ①挑… Ⅱ. ①韩… ②弘… ③许… Ⅲ. ①机器人—
普及读物 Ⅳ. ①TP242-49

中国国家版本馆CIP数据核字(2023)第072724号

版权合同登记号：14-2018-0165

TIAOZHAN JIQIREN WANG　1　JIQIREN DE DANSHENG

挑战机器人王 ❶ 机器人的诞生　　[韩] 葡萄朋友/文　[韩] 弘钟贤/图　许　葳/译

出 版 人	刘凯军
责任编辑	杨 华
特约编辑	任 凭
排版制作	北京索彼文化传播中心
出版发行	二十一世纪出版社集团（江西省南昌市子安路75号　330025） www.21cccc.com　cc21@163.net
经　　销	全国各地书店
印　　刷	江西千叶彩印有限公司
版　　次	2023年5月第1版
印　　次	2023年5月第1次印刷
印　　数	1~10000册
开　　本	787mm×1060mm 1/16
印　　张	10.5
书　　号	ISBN 978-7-5568-7365-4
定　　价	35.00元

赣版权登字-04-2023-147
版权所有，侵权必究
购买本社图书，如有问题请联系我们：扫描封底二维码进入官方服务号。服务电话：010-64462163（工作时间可拨打）；服务邮箱：21sjcbs@21cccc.com。